RESPUESTA A LAS PREGUNTAS

FUNDAMENTALES

DE LA HUMANIDAD.

MIGUEL ALCARAZ PAREDES

RESPUESTA A LAS PREGUNTAS FUNDAMENTALES DE LA HUMANIDAD.

Introducción.

Las eternas preguntas del ser humano son: ¿Cómo y cuándo se originó la vida Inteligente/Consciente en la Tierra?, ¿Qué es la Consciencia?, ¿Qué sentido tiene nuestra vida en la Tierra?, ¿Permanece la Inteligencia/Consciencia después de la muerte?, ¿Qué hay después de lo que llamamos muerte?, ¿Existe Dios o un generador de vida?, ¿Cuál es el futuro de la humanidad…?

Estas y otras preguntas, que al igual que vosotros se las ha realizado el autor de este libro a lo largo de su vida y que he intentado hasta la fecha dar contestación, para lo cual ha tenido que documentarme, tanto desde el punto de vista científico como de las distintas religiones y filosofías tanto orientales como occidentales, es lo que compartiré con todos vosotros, estimados lectores; esperando que al igual que a mí me ha llevado a conocerme mejor, os sirva a vosotros, para comprender vuestra existencia actual y futura.

CAPÍTULO I.

LA CONSCIENCIA Y EL YO.

Una de las preguntas más repetidas tanto por la ciencia como por los humanos, es ¿Cuándo empezamos a ser Conscientes?, es decir, cuando empezamos a darnos cuenta de del hecho de que, somos algo más que materia orgánica y que nuestro cerebro parece ser la sede de un "programa" maravilloso que, ha sido decisivo para crear y mantener la civilización cultural que hemos llevado a cabo por nuestra humanidad.

El inicio de la Consciencia en las personas y algunos animales.

El origen de la Consciencia, se considera aún hoy en día un misterio y, un tema polémico el afirmar cuando se inició en el ser humano, tanto para científicos, filósofos y religiosos.

Las preguntas fundamentales que se plantean sobre ella son: ¿Qué es la Consciencia?, ¿Dónde está situada en nuestro

cuerpo?, ¿De dónde procede y para qué sirve?,
Veamos:

Según podemos leer en un diccionario, la palabra Consciencia, viene del Latín *"Conscientia"* En filosofía se define, como la capacidad de un sujeto, que le permite distinguir entre él mismo y sus contenidos internos; en psicología, sería la percepción de las sensaciones, estados y procesos psíquicos, tanto internos como externos de la persona; en términos generales, sería la capacidad de los seres humanos de verse y reconocerse a sí mismos y de juzgar sobre esa visión y reconocimiento.

También la Consciencia es uno de los elementos que asegura la supervivencia de un ser vivo, pues le permite estar alerta a los peligros y actuar para defenderse de ellos.

Como hemos dicho, aún hoy en día no está claro cómo es posible que un ente que es considerado por muchos estudiosos serios del cerebro y sus funciones, como inmaterial, que denominan, Consciencia, pueda relacionarse e interactuar con la materia biológica del cerebro.

Y…a pesar de que a nivel científico se dan como probables zonas de nuestro cerebro en donde dicen actúa la misma. Tales como la Formación reticular que, está formada por un conjunto de neuronas y fibras nerviosas existente en la parte central de la región dorsal del tallo encefálico o la corteza cerebral, como afirma el filósofo, Karl Popper, y el sistema Límbico como afirma, Francis Crick, descubridor de la doble hélice del ADN, aunque precisa que no es este órgano exactamente sino que sería más bien la zona en donde se encuentra este sistema; entre otras partes propuestas por otros.

Parecería que, los científicos tienen claro que la Consciencia sería la consecuencia de una función más de nuestro cerebro que hubiera evolucionado con el tiempo…e incluso hay quien dice que los filósofos ya no serían necesarios, ya que la ciencia puede explicar ya hasta estos eternos temas fundamentales de la humanidad.

Lo cierto es que, según gran parte de los miles de expertos que se dedican hoy en día a estudiar y experimentar estos temas en Universidades de gran prestigio en el mundo, obtienen datos e indicios de un origen externo de la misma; aunque como dice el filósofo de Harvard, Joseph Levine, existe, hoy en día, un "vacío explicativo", entre las funciones cerebrales y la experiencia subjetiva, de lo que denominamos Consciencia.

En la actualidad, más de un millar de científicos investigan esta particular función del cerebro humano como es la Consciencia, particularmente en Estados Unidos y Europa del Norte.

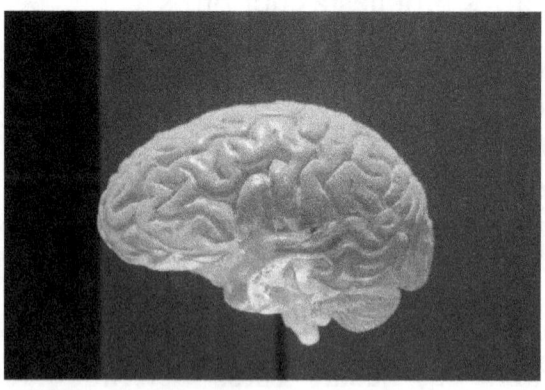

Imagen número 1. Vista exterior del Cerebro humano

Veamos cómo se manifiesta en nuestro cerebro y cuerpo.

El psicólogo californiano, Michael Gazzaniga, dice que el hemisferio izquierdo es dominante para la mayoría de las funciones cognoscitivas, aunque ambos lo hacen.

Hay estudiosos que complican aún más el asunto de clarificar que es la Consciencia, como algunos psicólogos y neurólogos que, dicen que ser Conscientes implica la existencia de un "Yo" espiritual, entre otros.

El concepto de "Yo", es un término difícil de definir, debido a sus diferentes acepciones. A lo largo de la historia se ha relacionado con otros términos como mente, ser, alma, Consciencia.

Pero como decimos, cada vez son más las evidencias de que el "Yo-Consciencia", se trata de algo externo, todo ello gracias a la experimentación de grandes y prestigiosos expertos que llevan a cabo sus estudios, en múltiples universidades y también gracias al trabajo de grandes divulgadores, como por ejemplo, el Doctor José Miguel Gaona Cartolano, que comparte todo su saber e sus libros, Al otro lado del túnel y El límite, entre otros.

La pregunta fundamental es, pues: ¿Cómo podemos superar el abismo que separa lo objetivo y lo subjetivo, el cerebro y la experiencia Consciente? Es un planteamiento muy parecido al planteamiento tradicional cuerpo/alma o mente/cerebro, que han discutido los filósofos desde hace más de 2.000 años y aún siguen discutiendo.

¿Es lo mismo Conciencia que Consciencia?

La definición de Conciencia más acertada es la que dice: Conocimiento responsable y personal de una cosa determinada, como un deber o una situación.

Como veis no tiene nada que ver con la Consciencia que tratamos aquí que, está más relacionada con lo espiritual, aunque, verán que en muchas publicaciones se toma como una única definición, similar a la de Consciencia,

Opinión personal a lo dicho sobre la Consciencia.

Parece que, estando clara la relevancia del tema de la Consciencia, aún quedan cuestiones por clarificar y resolver, como la cuestión de su definición precisa y sus características fundamentales y el problema de la relación mente-cerebro-alma, que sigue siendo un tema pendiente en muchos de sus aspectos.

De todo ello podemos deducir que requiere un estudio aún más riguroso y profundo, para que aumentemos nuestra comprensión de lo que es un ser humano y que facilite la mutua comprensión y diálogo entre las diferentes perspectivas, de cara a una mejor profundización en el conocimiento de lo que es la Consciencia y por lo tanto de lo que es la mente y alma-espíritu humanos.

¿Es lo mismo Alma que Espíritu?

Sin tener en cuenta las definiciones religiosas ni otras, sólo mi intuición y mis conclusiones sobre mis estudios sobre dicho tema a lo largo de mi vida, el Alma sería la

Consciencia de que estamos hablando en este libro, es decir, ese ente inmaterial e inteligente que mora en nuestro cuerpo (cerebro) y da vida "inteligente", "racional" y moral al mismo, mientras éste vive y que, una vez muerto, el Alma sale de éste y vuelve a su origen, tomando el nombre de Espíritu.

Una teoría cuántica de la Consciencia.

Actualmente, con el estudio y difusión de lo cuántico, se ha llegado a establecer lo que se ha denominado "Una teoría cuántica de la Consciencia", la cual ha surgido de los estudios de dos eminentes científicos, los doctores Stuart Hameroff y Roger Penrose, que llevan desde 1996 estudiando el tema, en el Departamento de anestesiología y Psicología, así como el centro de los estudios de la Consciencia de la Universidad de Arizona, Tucson, EE.UU., donde Hameroff es directivo y Penrose, físico matemático de la Universidad de Osford, los cuales han descubierto que el Alma-Consciencia se aloja o está contenida en una estructura de micro túbulos de las células cerebrales.

Según han comprobado en los casos de las Experiencias cercanas a la muerte (ECM), la información en el interior de los micro túbulos no se destruye tras la muerte, es decir, que según estos científicos volverían al Universo es decir, a su lugar de origen.

Como habéis podido comprobar, actualmente, se llega a aceptar, por algunos de los eminentes científicos que estudian el tema con seriedad que, hay algo externo al cuerpo, que podríamos denominar germen de la Conciencia que, no está formado de materia, pero que interactúa con ella (cerebro.)

Indicios de que la Consciencia es externa al cuerpo humano.

Las posibles evidencias que nos hacen deducir que la Consciencia es algo externo a nuestro cuerpo y que trasciende a lo que mal denominamos muerte son: Experiencias cercanas a la muerte "ECM" que, se han podido comprobar como verídicas, experiencias de visión remota, encuentros con familiares ya fallecidos y/o comunicaciones verbales con los mismos, experiencias personales en otras dimensiones, etc…

Os cuento a continuación algunas de estas experiencias vividas por mi persona. Salida del cuerpo, mensaje de voz de persona fallecida, visión de figura de un fantasma de persona fallecida.

Experiencias personales sobre Consciencia externa.

Comparto con vosotros algunas experiencias personales que me ocurrieron a lo largo de mi vida y que me hicieron cambiar mi visión sobre la vida y el más allá de la muerte, éstas son:

Una salida de lo que yo entiendo como Consciencia de mi cuerpo, cuando estaba enfermo, pudiendo ver mi cuerpo desde una posición por encima de él y notando como mi "Yo"/inteligencia/consciencia, estaba fuera del cuerpo. Este suceso me ocurrió a una edad de unos catorce años y todavía no había empezado a estudiar estos temas ni sabía nada sobre ellos. Y os puedo decir que, la experiencia fue tan maravillosa y gratificante que a partir de ella le perdí el miedo a la muerte.

Otra de ellas, fue que, estaba pasando la noche en casa de un amigo y en un momento de ella, me despierto y veo la figura de una mujer mayor flotando por la habitación, que la cruzaba en diagonal, a la cual no le vi pies. Además me fijé que iba vestida de una forma muy particular; tenía el pelo blanco recogido en un moño y llevaba una especie de toquilla de lana sobre el vestido. A otra mañana les conté la aparición de dicha mujer a los dueños, dándole las particularidades de la forma que iba vestida y de cómo era y la dueña de la casa me confirmó que era su madre pero que no había estado en vida en esa casa de la playa.

Lo cierto es que no sentí miedo en el momento de la aparición, ni esta me transmitió mensaje alguno.

Otra de las experiencias que me han ocurrido, fue en la Navidad de hace dos años. Resulta que estuve cuidando a una mujer mayor que estaba enferma de cáncer, con musicoterapia y auriculoterapia y al poco tiempo falleció. Una noche pedí en meditación que, me dieran un número de lotería para comprar esa Navidad y una voz que reconocí como la de la mujer que cuidé, me dijo con voz un número el cual no paraba de repetirse, por lo que decidí copiarlo en un papel y buscarlo en la administración y cuál fue mi sorpresa cuando en el sorteo de Navidad salió premiado con un quinto premio. Ya no he vuelto a recibir ningún mensaje más de ella.

¿Los animales también tienen Consciencia?

Se sabe que además de los humanos, otros mamíferos como los chimpancés, orangutanes, elefantes, delfines, algunos pájaros como los cuervos, y pulpos, entre otros, son capaces de reconocerse a sí mismos, de recordar cosas que han pasado anteriormente y ponerse en el lugar de otros congéneres.

Esto nos lleva a una nueva pregunta que es ¿Cuándo se inició ésta en la Tierra?

El que, se descubriera que algunos pájaros como los cuervos sean capaces de tener funciones cognitivas superiores e incluso tener Consciencia de su propia existencia, modificó la visión que tenían los científicos de que, ésta se inició con los mamíferos.

Se tuvo que modificar la antigua escala filogenética, es decir la relación entre las distintas estructuras neurológicas según las diferentes especies animales, quedando como sigue: Primero se iniciaría en los Peces, siguiendo por los Anfibios, los reptiles de los cuales se derivaron las aves, el ser humano y los mamíferos.

Aún hoy en día no llegan a comprender ni explicarse con total seguridad como las aves que parecen ser tan diferentes de los humanos hayan desarrollado la Consciencia.

Hoy en día se sabe que, en los seres humanos la Consciencia se manifieste poco después del nacimiento, incluso algunos estudiosos tales como el psiquiatra Stanislav Grof y el estudioso de la Experiencias cercanas a la muerte, Arwater, afirman haber encontrado incluso niños que, recuerdan y son conscientes de su vida intrauterina, parto e incluso, Arwater, dice haber encontrado niños que recordaban episodios previos a su concepción.

Si los estudios de, Arwater y otros, han sido demostrados como ciertos, tendríamos que pensar que la Consciencia es Universal y algo externa a nuestro cerebro, adaptándose al mismo en los humanos, generalmente al poco del nacimiento.

Antigüedad de las experiencias de manifestación de la Consciencia o espirituales.

La pregunta que se plantea es ¿Cuándo el ser humano comenzó a tener Consciencia de sus manifestaciones y experiencias espirituales?

Como nos decía el filósofo español Ortega y Gasset, se podría considerar que una persona es religiosa, es cuando es cuidadosa o meticulosa con un modo de vida o con algo concreto, mostrando con esta forma de actuar tener ya una Consciencia.

Se sabe que los primeros homínidos Erectus/Helgaster que llegaron a Europa desde el norte de África por Gibraltar, hace más de un millón y medio de años, buscaran con sus punzones que tallaban de una forma cuidadosa médulas de huesos y moluscos. Los restos de sílex hallados en la sima del Elefante en Atapuerca, en Julio de 2013, es una prueba de que la capacidad Cognitiva, ya existía hace un millón y medio de años.

En el Paleolítico Medio (entre los 130.000 y los 33.000 años a.C.), se han encontrado tumbas en las que se encuentran los cuerpos de los fallecidos acompañados de herramientas y utensilios de caza, lo que apunta a la creencia en una vida más allá de la muerte.

Se considera que el Homo heidelbergensis, el Homo rhodesiensis, el Homo neanderthalensis, y posiblemente el Homo antecesor descubierto en Atapuerca), podrían tener ya, creencias espirituales.

Se ha encontrado, por ejemplo, que en sepulturas del Hombre de Neanderthal, el fallecido fue enterrado además de otros utensilios con distintas clases de flores.

En otras sepulturas se han encontrado bloques de piedra sobre el cadáver o decapitaciones rituales (guardaban la cabeza de los fallecidos... ¿Sabían ellos que en cerebro se aloja la Consciencia o el alma...? que se han interpretado como creencias en la posibilidad de que el espíritu del muerto pudiese volver al mundo de los vivos.

Incluso hay quien afirma que comportamientos que pueden considerarse morales, en primates no humanos y en otros animales, harían acreedores a éstos pre homínidos, de tener ya Consciencia y espiritualidad.

La espiritualidad humana y las estructuras cerebrales.

Según se ha podido comprobar experimentalmente, actuando sobre zonas específicas del cerebro (se ha realizado estimulación magnética trans craneal de las estructuras límbicas del lóbulo temporal) que, se supone se desarrollan las emociones o se supone actúa la Consciencia, éste es capaz de producir experiencias que se podrían considerar espirituales (encuentros y comunicación con entidades del plano espiritual), con ángeles, etc., así como las salidas del cuerpo propias de las experiencias cercanas a la muerte, entre otras.

Estos hechos nos hacen plantear la pregunta de si lo que dicen algunas personas sanas mentalmente, sobre experiencias personales relacionadas con el más allá o con espíritus ¿Sólo serían creaciones mentales…?

Está claro que el hecho de que nuestro cerebro pueda producir estas experiencias podríamos decir "Espirituales" nos dice que, tenemos una tendencia innata a ellas.

Observaciones y apreciaciones personales, sobre la producción de experiencias místicas.

Como habéis podido leer anteriormente, nuestro cerebro está preparado para producir experiencias "especiales", relacionadas con lo espiritual, que me lleva a deducir que está preparado también para recibirlas de otras dimensiones o realidades que, pudieran existir. Según figura en el libro del concepto Rosacruz del Cosmos de, Max Heindel, existirían siete mundos o dimensiones además del nuestro, que no serían manifestación de lo material.

No obstante, se puede argumentar si lo anterior de la posible existencia de otras "dimensiones" fuera falso que, dichas zonas de nuestro cerebro fueran las generadoras de las creencias en entidades o seres espirituales, desarrolladas para cubrir carencias emocionales o de otros tipo.

Si las estructuras que causan dichas experiencias fueran fruto de la evolución como dicen algunos, aún queda la posibilidad de que un diseñador inteligente, lo haya hecho posible utilizando los mecanismos de la evolución para que éste pudiese tener las experiencias espirituales y así pudiéramos saber particularmente que, existe la dimensión espiritual, entre otras.

También podría ser, tal como deduzco yo por mis propias experiencias y tal como nos dicen los libros esotéricos, que nuestro cerebro esté diseñado para llevar a cabo una comunicación con otros planos, dimensiones o mundos de nuestro Universo y sus moradores.

No obstante, todavía, son pocos los que son capaces de practicar dicha comunicación a consciencia, aunque cada vez son más los que las realizan.

Como habéis podido comprobar, aún queda mucho por estudiar y experimentar sobre el tema. Dicho trabajo se está llevando hoy en día en prestigiosas universidades, teniendo como base que pudiera existir tal como muchos estudios indican que, nuestra Consciencia sea de origen externo y que se haya podido asentar o conectar en un momento determinado, en nuestro cerebro.

CAPITULO II

EVIDENCIAS SOBRE

LA EXISTENCIA DE OTROS PLANOS

Experiencias cercanas a la muerte (ECM.)

Personas que han estado cerca de la muerte o clínicamente muertas, sea por el motivo que sea, narran experiencias místicas o espirituales.

Algunos cuentan que se han visto y sentido fuera del cuerpo flotando y viéndose desde arriba y que tuvieron un gran sentimiento de libertad, de paz, felicidad y amor que, son difíciles de explicar con palabras.

Otras experiencias son, entrar y pasar por un túnel oscuro en cuyo final hay una luz blanca muy fuerte y brillante, encuentro con personas fallecidas, encuentro con seres espirituales y hablar con ellos y revisión de toda su vida como si fuera una película, etc.

En ellas se pierde el sentido del tiempo y del espacio y la experiencia se considera más intensamente real que la realidad vivida en nuestro mundo.

La medicina explica que, dichas experiencias son producidas por la falta de oxígeno y la producción aumentada de anhídrido de carbono y en esas circunstancias límites muchas neuronas dejen de funcionar, generando que una parte del cerebro produzca las visiones que hemos descrito.

Las endorfinas, que se producen producirían las sensaciones de paz y felicidad, entre otras.

No obstante como dijimos anteriormente, existen otro gran número de científicos y entendidos que creen que estos denominados Estados Alterados de Consciencia, facilitarían estos contactos con otras dimensiones y sus moradores.

Opinión personal sobre nuestro origen y trabajo llevar a cabo en la Tierra (Consciencia y espiritualidad.)

Experiencias tenidas por mi persona, relacionadas con lo espiritual, que os narré anteriormente, así como la asistencia a cursos y conferencias de entendidos que tratan este tipo de temas, así como lectura y conocimiento de libros esotéricos, me ha llevado a deducir o intuir lo siguiente:

Pudiera existir otras dimensiones o mundos, próximos a la nuestra terrenal, habitada por seres o entidades espirituales inteligentes, sin cuerpo material, que hubieran decidido "introducirse" en los cuerpos humanos con el fin de disfrutar y aprender del mundo material y de nuestra forma de ser y así poder evolucionar algunas de sus particularidades.

Según el libro del Concepto Rosacruz del Cosmos, existirían además del nuestro siete mundos independientes además del nuestro que empezando por el más superior o sutil, serían los siguientes: Mundo de Dios, mundo de los espíritus virginales, mundo del espíritu divino, mundo del espíritu de vida, mundo del pensamiento, mundo del deseo y el mundo físico.

En mi opinión, para estos espíritus la Tierra y nuestro cuerpo sería como una escuela…donde vendrían a aprender sobre la forma de desenvolverse en un mundo material y en las diferentes circunstancias y situaciones psicológicas y morales de las personas, Como en mi opinión, hasta que no acabe su estancia que podría ser ordenada por sus superiores, algunos dicen que nuestro cerebro sería como una "cárcel" para Ellos

Esta circunstancia de ocupación obligada sería la que produciría la sensación de libertad que narran los que han tenido experiencias   de   salida   del   "Yo"   o Consciencia, del cuerpo.

Realmente, podría considerarse nuestro cuerpo una cárcel ya que, solo podrían abandonar el mismo en el momento de la muerte de éste o cuando haya enfermedad grave de la persona.

Es posible que, a ellos no les interese que nosotros sepamos esto que hemos dicho, ya que nuestra forma de vida diaria y nuestra forma de ser, sería diferente si lo supiéramos, afectándoles a ellos estos cambios.

¿Es lo mismo Alma que Consciencia?

Alma o ánima, del latín "Animase", se refiere a una entidad inmaterial, según las afirmaciones y creencias de diferentes tradiciones y creencias filosóficas y religiosas, que poseerían los seres vivos en la Tierra.

Según algunas explicaciones de cómo sería ésta y su función, tales como la de Aristóteles, el Alma incorporaría el principio vital o esencia interna de cada uno de los seres vivos, gracias a la cual estos tienen una determinada identidad, no explicable a partir de la realidad material de sus partes, ya que las personas seríamos algo más que cuerpo físico.

Según muchas tradiciones religiosas y filosóficas, el Alma es la parte espiritual de los seres humanos.

Pero... ¿Dónde está situada el alma? Algunos filósofos como Aristóteles, teólogos y científicos dicen que el Alma está en el corazón, y otros, afirman que, reside en el cerebro, por ser el órgano racional y de decisión de las personas y en algunas religiones como el cristianismo creía que no se encuentra en un lugar determinado de nuestro cuerpo ya que al ser inmaterial puede situarse en donde desee.

En la antigüedad remotísima, cuando los primeros homínidos empezaron a tener Consciencia y también en el antiguo Egipto, los sacerdotes sacaban el cerebro de los cadáveres y, sin embargo, dejaban en su sitio el corazón porque, creían que al ser lo que nos daba la vida, en éste tenía que residir el Alma.

En la Edad Media se decía que teníamos el Alma en el Corazón y en el hígado.

En mi opinión, el Alma sería superior a la Consciencia, ya que esta última sería más como los programas de supervivencia y necesarios para la supervivencia y para reconocerse y conocerse a sí mismo.

El Alma sería la "entidad" que mora en nosotros y que lleva a nuestra mente (que sería una especie de programa de nuestro cerebro) a desarrollar los aspectos que a Ella le interesan para evolucionar en las escalas de los mundos superiores al terrestre, pero que no nos damos cuenta, la mayoría de las personas de su existencia.

El alma se separa del cuerpo cuando éste deja de funcionar.

Al ser el alma inmortal, indestructible e incorruptible, como dicen algunos filósofos como Santo Tomas de Aquino, entre otros, al estar dentro de un cuerpo biológico que tiene fecha de caducidad como el nuestro, al llegar el momento que las constantes vitales del mismo dejan de funcionar el Alma sale del cuerpo.

No obstante, tanto los datos del programa de nuestro cerebro que nos hacían obrar con Consciencia y espiritualidad, así como en el sentido que le interesa a nuestro Espíritu (El Alma recibe el nombre de Espíritu cuando el cuerpo muere), los cuales acompañarían a nuestro espíritu hasta su lugar de origen, al lugar donde reencarne de nuevo o a la dimensión que le corresponda según su evolución. Por eso se dice que la muerte no existe, porque nuestro "Yo" sería conservado por nuestro Espíritu.

Esto se explica como que nuestro Alma-Consciencia es o tiene una "energía que sería lo que daría el aliento vital a nuestro cuerpo y como sabemos por física, la energía no se destruye, sino que se transforma.

No obstante no apreciamos ni la existencia de nuestro Alma ni la supervivencia al reencarnar en otros cuerpos o al habitar otras dimensiones, posiblemente, debido a que alteraría nuestras futuras existencias y al igual que para que un estudio científico sobre algunos aspectos de una persona sean válidos, serán de más valor si el estudio es desconocido para nosotros.

Científicos de gran prestigio, afirman que la información del cerebro no se destruye tras la muerte.

El doctor Stuart Hameroff, que es emérito en el Departamento de Anestesiología y Psicología así como Directivo del Centro de los Estudios de Conciencia de la Universidad de Arizona, en la ciudad de Tucson, Estados Unidos, y su colega, Roger Penrose, físico matemático en la Universidad de Oxford, en el Reino Unido, han estado trabajando desde 1996 en una Teoría cuántica de la Consciencia, que establece que, nuestras almas están contenidas en estructuras llamadas micro túbulos, que viven en nuestras células cerebrales.

La idea nace que el cerebro es una computadora biológica, con cien billones de neuronas cuyas conexiones sinápticas actúan como redes de información.

Sus conclusiones apuntan a que nuestras experiencias de Consciencia son el resultado de los efectos de la gravedad cuántica sobre los micro túbulos, un proceso que llaman reducción objetiva orquestada (Orch-OR).

La comunicación entre neuronas mediante la secreción de neurotransmisores se realiza a través de vesículas sinápticas distribuidas a lo largo de sus axones. El cito esqueleto de las neuronas juega un papel clave en la dinámica de estas vesículas. Hameroff y

Penrose proponen que los micro túbulos, las unidades más pequeñas del cito esqueleto, actúan como canales para la transferencia de información cuántica responsable de la Consciencia.

La teoría Orch OR afirma que, la Consciencia es una característica intrínseca de la acción de un universo distinto al nuestro.

El Dr. Hameroff explicó ampliamente su teoría en un documental narrado por Morgan Freeman, llamado "Through the wormhole" (A través del agujero de gusano) que, fue emitido por el canal Science de Estados Unidos.) En este documental el doctor Hameroff, declaró que, cuando "el corazón deja de latir, la sangre deja de fluir, los micro túbulos pierden su estado cuántico. La información cuántica en los micro túbulos no se destruye; simplemente se distribuye y se disipa por el universo".

Y añadió que "si el paciente es resucitado, esta información cuántica puede volver a los micro túbulos y el paciente dice "Tuve una experiencia cercana a la muerte". Si el paciente muere, "sería posible que esta información cuántica exista fuera del cuerpo indefinidamente, como un alma"

¿Los sueños recuerdos de una mente creadora de realidades?

Leyendo una de las hipótesis que defienden algunos, de que vivimos en una simulación informática tipo Matrix…una noche meditando sobre el apartado que viene a continuación sobre cómo es la vida en el más allá de la muerte, pregunté al Generador ¿Qué son nuestros sueños y para qué sirven…?

En la meditación tuve claro que, no estamos en un Matrix propiamente dicho y me explico.

Esta hipótesis del Matrix, se hizo popular a raíz de la película de dicho nombre, cuyo argumento es que el mundo que vivimos es un mundo virtual o simulación informática, donde los humanos seriamos avatares del mismo.

Actualmente, existe un filósofo sueco de la Universidad de Osford, EEUU, llamado, Nick Bostron, el cual dice que no sólo la humanidad sería un Matrix sino también todo el Universo podría serlo.

En mi opinión, si estuviéramos en un mundo virtual creado por algo o alguien y aplicado y controlado por un súper ordenador o cerebro electrónico inteligente, la sofisticación y superpotencia del mismo para controlar nuestro Universo y todo lo que existe dentro, parece imposible de concebir por nuestra ciencia actual y por nuestros cerebros humanos.

No obstante, otra cosa, es que una súper mente haya propiciado cambios y mutaciones en nuestro planeta y cerebros, para así satisfacer a sus fines como veremos a continuación.

En mi opinión los sueños (ensoñaciones que tenemos los humanos y algunos animales, con imágenes muy reales), serían producidos para además de otros beneficios neurológicos, para que practiquemos o recordemos la capacidad de crear realidades virtuales tal como parecen tener los espíritus que moran y dirigen las dimensiones que parecen existir más allá de la nuestra donde la creación mental es posible y a la que llegará nuestro espíritu después de abandonar el cuerpo tras la muerte, cuando evolucione adecuadamente para llegar a ese mundo.

Por cierto el experimento realizado por el Doctor Duncan McDougal, que fue publicado su resultado en un artículo de la Sociedad americana de investigaciones físicas en el año 1907, en el cual se decía que el alma, una vez colocado la persona moribunda en una báscula de precisión, perdía en el momento de morir 22 gramos; deduciendo este investigador que este peso es lo que debería pesar el alma.

Pues bien este experimento no tuvo en su día ni lo tiene actualmente el respaldo de la comunidad científica, debido a que sólo se llevaron a cabo poco más de media docena de pesadas, debido a que los familiares se negaban a que sus seres queridos moribundos fueran llevados en el último momento a la sala aislada, en lugar de estar acompañados por los familiares y estos pocos gramos perdidos podrían deberse, por ejemplo, a la salida del aire de los pulmones o de otros fluidos corporales en el momento del fallecimiento.

El paso al más allá y descripción de la dimensión espiritual.

Algunas de las personas que han tenido experiencias cercanas a la muerte o que han tenido experiencias de salida de su Consciencia del cuerpo, describen a su vuelta que, una vez separada ésta del cuerpo, se les presenta uno o dos seres de luz que lo calman y le dicen, si su cuerpo va a morir que, lo van a acompañar al otro lado; estos seres aunque carecen de alas, son encuadrados por los que tienen las experiencias como ángeles.

Después todos juntos atraviesan una especie de túnel, existiendo al final una gran luz llena de energía que transmite paz y amor…Al atravesar este túnel salen a recibirlos familiares e incluso antiguas mascotas ya fallecidas, que le explican cómo va a ser su existencia a partir de ese momento.

Según mis intuiciones, deducidas a lo leído sobre el tema, la dimensión donde moran los espíritus desencarnados de los cuerpos humanos terrestres, al no tener cuerpo físico no necesitan de las cosas materiales que tenemos en nuestras casas, tales como cocinas, camas coches, etc.

Al tratarse de un lugar preparado para que esperen hasta su próxima reencarnación o para ser preparados para ser destinados a su dimensión definitiva, todo está preparado para hacer la espera más agradable.

Al ser una dimensión principalmente mental, los espíritus o entidades que dirigen o gobiernan la misma pueden preparar "escenarios" diferentes según su pensamiento y necesidades del momento.

Por eso algunos describen frondosos y apacibles jardines, otros un lugar luminoso con una energía relajante, etc., coincidiendo todos en lo resaltados que están los colores en dicha dimensión, lo que me hace pensar en los programas de realidad virtual con que juegan nuestros hijos hoy en día que tienen un vivo colorido, lo que me lleva a deducir que más bien han llegado a un lugar de espera, que pudiera ser como una escuela virtual para prepararlos para una siguiente reencarnación o que hagan el paso a la dimensión espiritual definitiva, según su evolución en particular.

Imaginar cómo será la dimensión definitiva después de este primer lugar a donde se llega recién abandonado el cuerpo físico, es difícil, porque casi nadie lo ha contado, pero al ser igualmente un mundo mental (suponemos que los gobernantes y moradores tendrán poder creativo mental), es de suponer que puedan, crear mundos o dimensiones tan agradables y espectaculares, como no podemos ni imaginar los seres humanos terrestres.

CAPÍTULO III.

¿QUIÉN O QUÉ ES DIOS?

Definición de Dios.

La palabra "Dios", proviene del concepto latino "deus" y se define como un ser supremo para las religiones, tales como el cristianismo, el judaísmo y el Islam entre otras.

Imagen número 2. Recreación de Dios Creador

Las religiones, le nombran con distintos nombres, como Alá (Islam) o Yahvé (judaísmo).

Las religiones que creen en un único Dios son las monoteístas, opuestas a las politeístas.

Según comparte el estudioso de las enseñanzas Rosacruces, don Ruperto Tortosa Castaño, en su libro *"Desvelando el gran misterio"*, habría un Ser Supremo, que sería una manifestación del absoluto, inconcebible para nosotros, es existencia sin expresión, sin límites, sin tiempo ni espacio, es bipolar por un parte es materia y por otro espíritu y s irradia en tres aspectos: Poder, Verbo y Actividad.

El originaría la oleada de vida que se manifiesta en los seis mundos. Se sabe por estos conocimientos guardados por los Rosacruces a lo largo de sus historia que, existen seis planos o dimensiones superiores al nuestro y cada uno de éstos está subdividido en siete sub planos más de existencia.

Dichos planos no están superpuestos unos encima de los otros, sino que se inter penetran entre si y por lo tanto se pude decir que Dios está en todas partes y que todos somos parte de Dios.

Creados también por el Ser Supremo en otras oleadas de vida, estarían los diferentes Dioses que estarían por debajo de este pero que serían cada uno de ellos creadores de nuestro Sistema Solar y de otros así como de la vida existente en ellos.

Las tres oleadas de vida anteriores a nosotros serían por orden de antigüedad: Los Señores de la Mente; Los Arcángeles y los Ángeles y las tres posteriores a nosotros: Los animales, vegetales y minerales.

Dios tiene amnesia y las personas hemos venido sin libro de instrucciones.

Si existe Dios, un generador o un Ser Supremo, ¿Por qué hoy no tenemos comunicación directa con El?, ¿Por qué no recordamos y/o no se nos han dado unas instrucciones para que sepamos por qué y para que venimos a la Tierra…?

Una de las razones por las que la religión católica dice que hemos perdido la comunicación directa con Dios, es porque hemos cometido pecado, ya que en alguna ocasión el hombre quiso ser como Dios…

A mí personalmente, la razón que aluden los cristianos me parece muy infantil, pero está claro que, si existe un Dios generador de vida inteligente y Consciente, algo tuvo que pasar para que no se dé actualmente dicha comunicación.

Las posibilidades que se me ocurren que podrían explicar dicha comunicación son: Qué las diferentes dimensiones no permitan la comunicación entre ellas en general, sólo se permitiría dicho contacto a determinadas personas con determinadas capacidades cerebrales diferentes a las del resto de los humanos.

Otra posibilidad sería que a estos Dioses o Generadores no les interesara dicha comunicación, con el fin de que viviéramos sin presiones las enseñanzas que nos depara nuestra vida terrenal, pero que nuestra Alma aprendiera de forma mucho más fiable de nuestras experiencias.

También podría ser que al contrario que dicen estos antiguos saberes como los de los Rosacruces, no existiera un Generador de vida y esta creación hubiera existido siempre.

Mis intuiciones sobre cómo es o puede ser el Generador de vida.

Leyendo, sobre el experimento que realizó en los años 80 Alain Aspect (1947) y sus colaboradores, en el cual lograron demostrar en un laboratorio la propuesta de Bell de forma satisfactoria, ya que estos experimentos dieron la razón a la mecánica cuántica, en el sentido, tal como se explicó anteriormente, que la forma de actuar la mecánica cuántica es no local, es decir, hace que la acción de una perturbación pueda transmitirse instantáneamente de un sitio a otro muy alejado, superando la velocidad de la luz; me vino la intuición de lo que podríamos entender por Dios, o Generado de vida, o como queramos llamarlo.

En mi intuición está que al igual que estas partículas pueden estar en todos los puntos posibles a la vez de nuestro Universo, podría haber una "Entidad inteligente" que actuara de igual modo, ya que filosóficamente hablando nada puede crearse de la nada y toda substancia tiene un origen (ya os informaré más delante de cómo se origina o crea de forma continua la materia en los espacios siderales que antiguamente se estimaban estaban vacíos.)

Es decir sería algo así como una súper mente o súper cerebro, Universal o cósmico, la cual podría tener la capacidad de originar vida orgánica en aquellos lugares que estuvieran en situación de iniciarla.

Esta hipótesis explicaría el por qué parece que nuestro creador nos ha abandonado, no siendo así ya que según la mecánica cuántica estaría en continuo contacto. Lo único que tendríamos que buscar para darnos cuenta de su existencia es de la magnitud, grandiosidad y particularidades de su creación…y seguir investigando y estudiando el Universo y sus leyes, porque ésta sería su forma continua de comunicarse con nosotros.

Actualmente, tanto científicos, filósofos, religiosos, como personas de a pie, se siguen preguntando ¿Cómo llego a generarse el Universo inicial?, por creación o por generación espontánea…o como dicen otros de la nada.

De la nada no puede nacer nada, por lo que se deduce que ya había algo, y no sabemos si de ese algo se pudo generar la vida y evolucionar hasta dar lugar a seres humanos inteligentes…no obstante siempre volveríamos a la pregunta inicial, ¿Quien creó al creador que creo a su vez la vida? y por el momento no tenemos ninguna respuesta, porque se escapa de nuestro entendimiento o conocimientos actuales. Aunque intuimos un "Diseño inteligente"

Como podrás leer a continuación, una de las hipótesis de la creación de nuestro Universo, pone de manifiesto precisamente esto. la generación, continua de materia que después puede evolucionar en vida orgánica y, también podemos deducir al observar el funcionamiento y leyes del mismo un "Diseño inteligente" el cual veremos a continuación en qué consiste.

CAPÍTULO IV

¿UN DISEÑO INTELIGENTE PARA CREAR VIDA?

El diseño inteligente ¿Es la evidencia de un Generador de vida?

El Diseño Inteligente: La teoría del Diseño Inteligente se gestó dentro de los entornos críticos con la teoría de la evolución durante los años 80. La primera gran contribución al desarrollo del Diseño Inteligente vino de la mano de, Michael Denton, un bioquímico australiano, investigador titular de la Universidad de Otago, en Nueva Zelanda.

En sus dos obras principales: *Evolution: A theory in crisis* y *Nature destiny*, donde planteaba la idea de que la complejidad del mundo natural no podía ser explicada mediante la acumulación de cambios aleatorios. Sobre todo en su segundo trabajo, Denton, afirmaba que nuestro entorno natural parecía estar diseñado expresamente para albergar la vida.

La hipótesis del Diseño Inteligente (D.I.), defiende que algo, alguien, una Inteligencia , Dios … ha creado el universo con un diseño inteligente implícito, con unas leyes tan particulares, precisas, puntuales, minuciosas y exactas a todos los niveles, que sin tal precisión sería imposible que las estrellas se hubieran formado, que la Tierra estuviese a la distancia justa del Sol como para posibilitar su vida, que los cinturones de Van Allen, compuestos de cargas eléctricas, rodeen tan equilibradamente nuestro planeta haciendo de escudos protectores contra las partículas de radiación transportadas por el viento solar.

Que la Luna esté tan gemelo-hermanada a la Tierra de una forma tan exacta y crucial para el desarrollo de las condiciones vitales, o que, la variedad de constantes fundamentales del universo tenga una precisión tan justa y milimétrica, como por ejemplo, la masa, la carga de las partículas atómicas, la forma tan particular de nuestro ADN, bacterias, etc., etc.

Es decir, todo el diseño universal, todas las leyes cósmicas, son tan perfectas, exactas y puntuales que prácticamente resulta imposible que se hubiera formado todo lo existente por puro azar o casualidad. ¿Tanta precisión para algo sin propósito ni finalidad? En consecuencia, hay científicos que con los datos actuales de la física, la cosmología, la biología o las matemáticas, argumentan que lo más lógico es deducir que tuvo que haber Algo, Alguien, ... Una Inteligencia, Dios, Un Diseñador o Generador del Universo/os, detrás de toda esta grandiosa realidad; un Diseñador que llevó a cabo de una manera tan inteligente su gran obra, que incluso incluyó en el diseño la posibilidad de que después de millones y millones de años se diera la vida orgánica y que poco a poco de esa vida surgiera la Vida Consciente de sí misma y del Universo que lo contiene.

Vida Inteligente capaz de preguntarse, ¿Por qué existe, con qué fin y quién es y donde está su Diseñador?

Según los partidarios del D.I., las ciencias aportan datos suficientes como para sostener la tesis que detrás de la creación universal hay una Inteligencia que diseñó o proyectó el universo con la posibilidad implícita de que surgiera en su interior vida capaz de ser Consciente de sí misma y probablemente de ir a más. Los defensores del D.I. aceptan la teoría de la evolución e incluso admiten el azar o la casualidad, pero entendiéndolo como "mecanismo" del mismo plan o diseño inteligente.

Como dice uno de los principales científicos actuales propiciadores del D.I., no comprometido con posiciones religiosas convencionales, el físico matemático y profesor en el Centro Australiano de Astrobiología de la Universidad Macquarie (Australia), Paul Davies:

"Según el principio antrópico, las condiciones físicas que hacen posible nuestra existencia se encuentran tan enormemente ajustadas que es difícil pensar que nuestra existencia sea un simple resultado del azar o de fuerzas ciegas". (...) "Pertenezco al grupo de científicos que no suscriben ninguna religión convencional y, sin embargo, niegan que el universo sea un accidente sin significado".

E, igualmente piensa el matemático británico, Roger Penrose, quien tomando en cuenta las variables físicas intentó probar matemáticamente la respuesta a estas preguntas: "¿Cuál es la posibilidad de que un universo que pasó a existir por casualidad produzca organismos vivientes?

Según Penrose, la probabilidad de que ello ocurra está en el orden de 1/1010123.

Matemáticamente, en términos prácticos, una probabilidad de 1/1050 significa "probabilidad cero".

El número de Penrose es más de un billón de billón de veces menor a 1/1050. Es decir, la probabilidad de que se origine por casualidad un universo como el nuestro es extraordinariamente menor a lo que se considera probabilidad cero.

En resumen, el número de Penrose nos dice que la creación de nuestro universo por "accidente" o "casualidad" es algo imposible. Es decir, existen científicos como Penrose, entre otros que, prueban que el universo no es producto de una casualidad.

¿La teoría del Diseño inteligente es Científica?

Según ponen de manifiesto algunos estudiosos de lo que sería una teoría científica, lo más importante para incluirla como tal sería, que esta fuera falsable, es decir no depende de la posibilidad de que se demuestre como cierta.

Según Karl Popper, el más importante filósofo de la ciencia del siglo XX, lo llamó un problema de demarcación e intentó aclarar los límites de las teorías científicas.

Popper, llegó a la conclusión de que define la ciencia verdadera es su falsabilidad, es decir, una teoría es científica únicamente cuando es posible refutarla. A pesar de que podría sonar a paradoja, ya que la ciencia intenta buscar la verdad, no la falsedad. Demostró que era precisamente ese deseo o característica de ser probada falsa, lo que llevaría hacia el progreso y hacia la verdad.

Por lo tanto la teoría del diseño inteligente, puede ser científica, ya que aún no se ha encontrado una explicación definitiva a la misma.

Patrones en la naturaleza

La presencia de patrones en la naturaleza, cuando son estudiados en profundidad y es descartable científicamente en base a probabilidades y demás pruebas que, no son producidas por la casualidad, se pueden atribuir a un causa inteligente o a un diseñador inteligente.

¿Es lo que parece la cara de un indio junto a la carretera Sevilla-Málaga, el resultado de la erosión o es la obra creativa de algún artista? Todo el tiempo nos hacemos este tipo de preguntas, y pensamos que podemos dar ya las respuestas acertadas o precisas a dicha cuestión.

Como decimos hoy en día existen métodos bien definidos que pueden diferenciar las causas creadas por seres inteligentes de las que son productos del azar o casualidad, aunque es más difícil diferenciar estos en los desarrollos de los sistemas biológicos y humanos.

Se han desarrollado y utilizados, principalmente, por los forenses, los criptógrafos, los arqueólogos, y el programa de Búsqueda de Inteligencia Extraterrestre (SETI). El saber eliminar el azar o la casualidad y saber descubrir cuando éste actúa, es esencial en todas estas ciencias.

Por ejemplo, en biología es mucho más difícil aplicar dicho método y además están los evolucionistas que niegan algún diseño inteligente en sus procesos naturales de evolución.

Existe el caso de la aplicación del método al apéndice que le permite moverse a una bacteria en un medio acuático, el cual está formado por una especie de algo que hace girarlo y hace moverlo un ácido y una cola a manera de látigo que le permite dar unas 20.000 revoluciones por minuto, siendo esta maravilla que según algunos tales como, el bioquímico americano, Michael Behe, cree que obedece, sin lugar a dudas un diseño inteligente.

Michael Behe, muestra que la sofisticada maquinaria de esta especie de motor molecular, compuesto por un rotor, un estator, anillos tóricos, bujes y un eje propulsor, exige la actuación coordinada de por lo menos treinta proteínas complejas, siendo la ausencia de cualquiera de ellas la causa suficiente para la pérdida total de la función motora.

Igualmente se podría decir del funcionamiento y creación de la doble hélice del ADN humano.

Decíamos anteriormente, que los evolucionistas y otros científicos y filósofos tales como el biólogo español, don Francisco J. Ayala, el cual pone de manifiesto que nuestro planeta no existiría ningún caso de diseño inteligente sino de todo lo contrario, ya que tanto los sistemas biológicos tendrían fallos manifiestos en algunos de ellos y se vería una crueldad manifiesta en la vida animal y humana, los cuales se matarían unos a otros para alimentarse o por mantener sus territorios.

No obstante, otros siguen defendiendo la teoría de un diseño inteligente de nuestro Universo, que habría dado origen a la vida orgánica inteligente.

La ciencia en defensa del diseño inteligente.

En uno de los libros, escrito por el doctor en ciencias químicas, don Juan José Fortea Laguna, titulado *En el umbral de la inteligencia,* que fue publicado aquí en España hace ya más de 22 años, en el capítulo VII, La incógnita humana, explica con su gran conocimiento del tema, el comportamiento inteligente que tienen algunas moléculas, principalmente la del ADN.

Este libro fue escrito anteriormente a la divulgación de la hipótesis del Diseño inteligente y en mi opinión, por el motivo de la particularidad implícita en el ADN, que resumiré a continuación, se hace necesario un diseñador inteligente con el fin de que grabe en algún sitio la orden de propiciar la vida en la Tierra en sus diferentes variedades. Esto entre otras particularidades que evidenciarían dicho diseño o creación dirigida.

La particularidad inteligente del ADN.

La estructura material del inteligente ADN es muy sencilla, se trata de una cadena de moléculas muy simples en donde un fosfato normal y corriente se engancha a un azúcar también normal y sencillo, el cual vuelve a engancharse a otra molécula de otro mismo tipo de fosfato, que vuelve a engancharse a otra molécula del mismo tipo de azúcar y así sucesivamente, repitiéndose el fosfato-azúcar varias decenas de millones de veces.

Y la larga cadena molecular está enfrente de otra exactamente con las mismas características, con el mismo fosfato y la misma azúcar y cada cadena está enrollada alrededor de la otra como si se tratase de una cuerda de dos cabos.

Lo casi mágico, es que las moléculas de azúcar tienen colgando desde el mismo sitio un pendiente. Este pendiente es siempre un derivado del ácido cianhídrico…y esto es lo sorprendente, ya que hay miles de millones de derivados del ácido cianhídrico (por ejemplo los conocidos y venenosos cianuros), pero en el inteligente ADN sólo se dan cuatro de ellos y siempre es uno de estos cuatro el que cuelga del azúcar.

La secuencia según la cual se presentan estos cuatro derivados, entre las millones posibles, es lo que varía de una molécula a otra de ADN. En esta variación está la justificación de que haya diferencias entre las especies vivas y entre los individuos de la misma especie.

Se han hecho experimentos, en los cuales si se cambia el orden en que están los cianhídricos, las características del individuo cambian.

Los científicos se preguntan ¿Dónde reside la inteligencia de la molécula del ADN para que sea capaz de escoger entre millones de los cianhídricos, precisamente los que tiene que seleccionar?, ¿Tendrá esa inteligencia codificada ella misma en alguna parte de su larga cadena?

CAPÍTULO V. TEORÍAS DE CREACIÓN DE NUESTRO UNIVERSO

Teoría del Campo de Creación "C".

La teoría sobre la formación del Universo. El campo de creación "C" o, el Universo se crea a si mismo…

Supongo amigo lector que la teoría que usted conoce o ha oído hablar es la del Big Bang, pero existen otras, que abren otras vías de estudio.

Lo que explico a continuación ha sido tomado del libro titulado En el umbral de la inteligencia, del doctor en ciencias químicas don Juan José Fortea-Laguna, precisamente del capítulo, El origen del nuestro creador

¿Se ha creado el Universo por si solo?

Supongo que habrá escuchado o leído en otros libros que el Universo se originó por una gran explosión (Big Bang), pero lo cierto es que si este origen fuera cierto, supondría una disgregación de la materia y un alejamiento de todas sus partes, pero lo que ven los científicos es todo lo contrario.

63

Han descubierto que la mayor cantidad de materia que hay en el Universo, se halla en el espacio entre galaxias...Efectivamente, los grupos de galaxias que son concentraciones espectaculares de materia se alejan entre sí, pero entre ellas hay gran cantidad de átomos, principalmente de hidrógeno y esa materia intergaláctica se está concentrando continuamente para formar nuevos grupos de galaxias, a medida que crece el espacio entre las ya existentes.

Dentro de las galaxias también hay una continua concentración y no dispersión de materia.

Si hubiera habido una explosión como la que supusieron los creadores de la teoría del Big Bang, Lemaitre y Gamow, los átomos de hidrógeno se alejarían unos de otros al igual que las galaxias, pero entre otras cosas que afirman los que creen que esta teoría es cierta, en base a lo observado en cómo se comporta lo contenido en el espacio intergaláctico es que, los átomos de hidrógeno se acercan unos a otros.

En base a la anterior apreciación se desarrolló una nueva teoría, a partir de1940, en la Universidad de Candbridge por los científicos Hermand Bondi, Thomas Gold y principalmente por el astrofísico, matemático, escritor y filósofo inglés, Sir Fred Hoyle y recibió el nombre de Campo de Creación o "C".

¿El Universo se está creando continuamente?

Como dijimos fue a partir de 1940, en que se dan a conocer las primeras propuestas físicas y matemáticas sobre la Creación continua y tuvo al principio mucha resistencia a ser creída porque chocaba con el ya admitido dogma, de que el Universo había sido creado en algún momento.

Afirman dichos estudiosos del Universo, que el espacio está uniformemente ocupado por grandes cantidades de energía, unos 38.000 electrón/voltio en cada metro cúbico del supuesto anteriormente, vacío espacial.

Descubrieron estos investigadores, un nuevo campo de fuerzas de la naturaleza física, análoga al campo gravitatorio o al campo electromagnético, que es el encargado de aprovechar la energía vertida en el espacio y transformarla en materia. A este campo de fuerzas se le ha llamado CAMPO DE CREACIÓN, o más brevemente, campo "C".

Se ha calculado que la velocidad de creación de materia es aproximadamente, de un átomo de hidrógeno por litro cada 125.000 años, velocidad que es suficiente para empujar hacia afuera al Universo con la velocidad que actualmente tiene…esa velocidad significa que cada segundo se crean en este nuestro Universo, cerca de un millón de millones de trillones de toneladas, que es algo menos de la ducentésima parte de la de la trillonésima parte de la materia que hay actualmente.

Esto viene a significar que, aproximadamente, cada millón de millones de años se renueva la materia del Universo, que sería más o menos el tiempo para que desaparezca de nuestra vista, toda la materia ahora existente y se cree la misma cantidad de materia que ahora vemos al mirar al cielo.

De todo lo dicho se deduce, que tal proceso de conversión continua de energía en el espacio y materia, nos estaría diciendo que, el Universo no se ha creado en un acto de creación único que podamos prever en un calendario. Prácticamente, podemos decir que el Universo siempre ha existido así. Ahora toman más valor las palabras del filósofo hindú autor del verso 129 del libro, Rig..."El mundo no se ha creado nunca..." ya que siempre ha existido el proceso de Creación continua, donde el tiempo no tiene el significado que tiene para nosotros en la Tierra.

Otras teorías de creación del Universo.

Existen seis principales teorías que tratan de explicar el origen del universo.

Estas son la Teoría del Big Bang, la Teoría Inflacionaria, la Teoría del Estado Estacionario y la Teoría del Universo Oscilante, aunque las más aceptadas en la actualidad son la del Big Bang y la Inflacionaria.

Teoría del Big Bang o gran explosión,

Dice que, hace entre 12.000 y 15.000 millones de años, toda la materia del Universo estaba concentrada en una zona muy muy pequeña del espacio y explotó.

Esta saldría propulsada con gran energía en todas direcciones.

Las primeras estrellas y galaxias se producirían por agrupamiento de materia en algunas zonas del Universo.

La materia del Universo continúa en constante movimiento y posiblemente en la creación de nuevas estrellas y galaxias.

Teoría inflacionaria.

Afirma que, las galaxias se están alejando unas de otras, produciendo que el cosmos sea más oscuro y frío.

Las estrellas acabarán consumiendo su combustible que es el hidrógeno, lo cual llevará a que se produzcan procesos físicos y que mueran.

Se estima que nuestro Sol consumirá toda su hidrógeno dentro de cuatro mil millones de años morirá y se extinguirá por su causa toda vida en nuestro planeta.

Teoría de Campo de creación "C".

Esta ya fue explicada anteriormente por lo que omitimos su explicación en este apartado.

Teoría del universo oscilante.

Afirma que, nuestro Universo sería el último de muchos surgidos anteriormente, después de sucesivas explosiones y contracciones.

Habría un momento en que el Universo se contraería sobre sí mismo por su propia gravedad, lo que se conoce como el Big Crunch y sería el fin del mismo y el nacimiento de otro nuevo.

Teoría de la Panspermia.

Es la moderna y la que más se está difundiendo en la actualidad debido a nuevos estudios y hallazgos, aunque, se desarrolló por el filósofo Anaxágoras, en la Grecia del siglo VI a. C

Según dicha teoría, la vida se originaria en algún punto del Universo y llegaría a la Tierra sobre cometas y meteoritos.

El gran defensor de la Panspermia, es el sueco, Svante Arrhenius, el cual cree que las bacterias viajan sobre meteoritos y en el polvo estelar, proyectados por la radiación de las estrellas.

En el Precámbrico, hace 4.500 millones de años, la Tierra primitiva fue bombardeada por éstos durante millones de años.

La panspermia tiene dos modelos. Existe la panspermia natural que dice que la vida se propaga por el Universo mediante bacterias muy resistentes que viajan a bordo de cometas.

La otra es la panspermia molecular o blanda y lo que viaja por el espacio son moléculas orgánicas complejas, que cuando llegan a la Tierra se combinarían con el caldo primordial de aminoácidos, iniciando las reacciones químicas que dieron lugar a la vida.

Una variante de la panspermia natural, es la llamada Panspermia dirigida, según la cual la "siembra" de la vida sería llevada a cabo por seres inteligentes.

Como decía al principio de esta teoría, es la que da una explicación más acertada del origen de la vida en nuestro planeta, ya que recientemente, se han estudiado los resultados obtenidos por el programa de exploración espacial, Sloan Digital Sky Survey, después de estudiar 150.000 estrellas de la Vía Láctea, comprobándose la existencia de Carbono, Hidrógeno, Nitrógeno, Oxígeno, Fósforo y Sulfuro, que son componentes que se encuentran en un 97% en nuestro cuerpo humano.

Esto lo dijo recientemente, en un comunicado de prensa, Sten Hasselquist, del centro en donde está ubicado el espectrógrafo de Evolución Experimental Galáctica, Apache , que es en México.

Podemos decir por lo tanto que somos Polvo de Estrellas.

Teoría Bíblica de la Creación.

Otra teoría, no tomada por científica en general, es la que defienden los cristianos y que son recogidas en sus libros sagrados, veamos.

Teoría de la Creación del Universo, según el cristianismo.

Defienden que en la Biblia se recoge que, nuestro Planeta fue creado en seis "actos" creativos (Que durarían cada uno milenios, Salmo 90:4)

En la Biblia dice también que, Dios es la Fuente de la "energía dinámica" que produjo el universo (Isaías 40:26).

CAPÍTULO VI

HACIA DONDE SE DIRIGE LA CONSCIENCIA Y LA HUMANIDAD TERRESTRE.

El futuro de la Consciencia humana.

Al igual que la vida bioquímica y biológica, traen un patrón o dos mandatos prioritarios que son: Sobrevivir y reproducirse, existirían otros mandatos prioritarios que se observan en inteligencia humana que, son: La adquisición y mantenimiento del conocimiento, ya sea de forma individual o colectivamente.

El cuerpo humano y todo lo biológico está preparado para sobrevivir mediante la reproducción, pero la Consciencia que se aloja el cerebro al no ser biológica sino inmaterial, tendría el mandato de la adquisición de conocimientos y el de la supervivencia de los mismos.

Si observamos la evolución humana, comprobamos que, en estos últimos siglos ha aumentado de forma muy rápida la forma de adquirir los conocimientos y se han buscado métodos más eficientes para su mantenimiento.

Es como si esa inteligencia que diseña dichos patrones hubiera tenido en cuenta cómo debe llevarse a cabo el resultado previsto y ante el peligro de que los seres humanos biológicos dotados de un cerebro Consciente puedan desaparecer o extinguirse por algún tipo de catástrofe, debida, por ejemplo, a la negativa actuación de nuestra civilización con nuestro planeta, contaminación de tierra, mar y aire, efecto invernadero, guerras atómicas, etc., hubieran previsto ya actuar para preservar la Consciencia.

Por ejemplo, estaría ya previsto cambiar el habitáculo biológico por otro más duradero y que sea menos afectado por los cambios que se avecinan, que seguro ponen en peligro la supervivencia del soporte de la inteligencia-Consciencia.

Habrán podido comprobar que nuestra sociedad ha tenido un gran avance en todo lo relacionado con la informática y lo que se conoce como "Inteligencia Artificial". Hoy en día, hemos conseguido tener ordenadores y computadoras más potentes y de mayor capacidad de almacenaje y procesamiento de datos, tales como los cuánticos.

Se evidencia un nuevo salto u hola, como diría, Alvin Toffler, que en este caso podría consistir en sustituir a los humanos por robots no biológicos que no puedan ser afectados por catástrofes que pudieran extinguir al ser humano, y así preservar un soporte para mantener la inteligencia-consciencia.

Como dice el paleontólogo y filósofo Arsuaga, podrían existir otros planetas habitados por seres como nosotros e incluso como yo deduzco, que ya hubieran dado ya este salto que se evidencia en la Tierra y fueran ya una sociedad inteligente robotizada.

Es necesaria una unificación para estudiar la Consciencia:

Según algunos entendidos, es necesario unificar los estudios y dar un conocimiento claro y preciso de lo que es la Consciencia.

Es preciso prestar atención a los conocimientos y trabajos sobre ella que, se estarían llevando a cabo por la ciencia y filosofía occidentales, con los desarrollados por las diferentes filosofías orientales conocedoras de las diferentes técnicas de meditación y trabajo interior, con las cuales experimentan.

No se podría descartar ninguna de las perspectivas existentes, con el fin de acelerar y poder algún día cercano un conocimiento más completo y fiable de los que es la Consciencia.

Conclusiones ¿las hay…?

Como habéis podido comprobar en lo leído en este libro, actualmente, no hay conclusiones ni contestaciones definitivas a las preguntas fundamentales, a excepción del estudio reciente en el que se ha determinado que los humanos estamos formados en un 97% de los mismos componentes que las estrellas de nuestro Universo, que fue el caldo de cultivo para que se originara y evolucionara vida biológica inteligente, en nuestro planeta Tierra.

El autor de este libro ha realizado la labor de compartir las teorías de algunos científicos y filósofos, así como las de otros antiguos grupos esotéricos como las de los Rosacruces, además de sus propias intuiciones basadas en sus propias experiencias personales.

Espero y deseo que este trabajo mío compartido en este libro, os lleve a seguir profundizando en este importante tema y a obtener vuestras propias conclusiones.

Como decía el hindú, Osho, uno de los filósofos más influyentes del siglo XX, la intuición que viene por nuestro Guía interior es fundamental para desarrollar un conocimiento real de todo lo que nos rodea.

Frases de OSHO.

Copio abajo algunas de las frases de dicho filósofo para vuestro deleite.

"Tu razón te ha desorientado. La mayor desorientación ha sido ésta: no poder creer que tengas un guía interior…"

"Yo no te estoy pidiendo lo imposible, no te digo: "Se solamente intuitivo", ya que esto es algo que no puedes hacer. Me conformo, con tal de que puedas hacer una cosa- pasar del pensamiento al sentimiento será suficiente. Después el paso del sentimiento a la intuición será muy fácil"

"La interiorización es un estado de no pensamiento. Siempre que ves algo lo ves cuando no hay pensamiento.

INDICE

Bibliografía.

Sobre la Consciencia y el "Yo"

1. Dr., José Miguel Gaona, El límite, una profunda investigación sobre la Consciencia, el cerebro y las ECM. Editorial La esfera de los libros

2. José García Velázquez, Atlantis en busca del Alma humana. Amazon

3. Hierro-Pescador J. Filosofía de la mente y de la Ciencia cognitiva. Madrid: Ediciones Akal; 2005.

4. Moya Santoyo J. La recuperación de la conciencia en la ciencia cognitiva. Un estudio a través de PSYCinfo & PYSClit (1994-1998). Revista de Historia de la Psicología. 1999; 20: 197-208.

5. Mora JA, Porras B. Algunos referentes histórico-conceptuales del estudio de la conciencia. Revista de Historia de la Psicología. 2000; 21: 349-358.

6. Pithod A. El alma y su cuerpo. Buenos Aires: Grupo Editor Latinoamericano; 1994.

7. Villanueva E. Conciencia. En Broncano F. (ed.): La mente humana. Madrid: Trotta y CSIC; 2007: 385-399.

8. Ortiz de Zárate A. La conciencia en la investigación psicológica reciente. Revista de Historia de la Psicología. 1999; 20: 209-220.

9. . Edelman GM, Tononi, G. El universo de la conciencia. Barcelona: Editorial Crítica, 2002.

10. Zumalabe Marrikirriain JM. Acerca de la aportación de la fenomenología de Husserl a la psicología de la conciencia. Revista de Historia de la Psicología. 2000; 21(1): 69-90.

11. Ornstein R. Psicología de la conciencia. México: Editorial el Manual Moderno; 1979.

12. Zumalabe Marrikirriain JM. Acerca de la aportación de la fenomenología de Husserl a la psicología de la conciencia. Revista de Historia de la Psicología. 2000.

13. Ornstein R. Psicología de la conciencia. México: Editorial el Manual Moderno; 1979.

14. Colmenero JM, Catena A, Fuentes JL. Atención visual: una Revisión sobre las Redes Atencionales del Cerebro. Anales de Psicología. 2001.

15. Milán E, Tornay F. Las ideas de James sobre el flujo de consciencia y teorías científicas actuales de la consciencia. Revista de Historia de la Psicología. 1999.

16. Rosenthal DM. (2009). En prensa, en Encyclopedia of consciousness. Ámsterdam: Elsevier; 2009.

17. López Marbán C. El cerebro como pseudoexplicación (Las teorías neurobiológicas de la conciencia). El

Catoblepas. Revista crítica del presente. Sept. 2005.

18. Moya Santoyo J. Estudios sobre la conciencia en los últimos años I. Revista de Historia de la Psicología. 2000.

19. Novella EJ. Psiquiatría y Filosofía: un panorama histórico y conceptual. Frenia, Revista de Historia de la Psiquiatría. 2002.

20. Chalmers DJ. La mente consciente. En busca de una teoría fundamental. Barcelona: Gedisa; 1999.

21. Sprigge T. Panpsychism. Routledge Encyclopedia of Philosophy, ed: Edwar Craig. New York: Routledge; 1998.

22. Wilber K. Espiritualidad integral. Barcelona: Kairós; 2007.

23. Dennet DC. Dulces sueños. Obstáculos filosóficos para una ciencia de la consciencia. Madrid: Katz Editores; 2006.

24. Wilber K. An Integral Theory of Consciousness. Journal of Conciousness Studies. 1997; 4 (1): 71-92.

Bibliografía sobre Dios:

1. Danielou, Jean, Dios y nosotros, Taurus, 3ª ed., Madrid 1966, 277 pp.

2. Drinkwater, f. H., El problema de la existencia de Dios, Herder, Barcelona 1970

3. Estaun villoslada, Pedro: ¿Es natural creer en Dios?, folleto "Mundo Cristiano" nº 538, Palabra, Madrid 1992, 40 pp.

4. Fabro, Cornelio, El problema de Dios, Herder, Barcelona 1963, 108 pp.

5. Platinga, Alvin."God, Arguments for the Existence of," *Routledge Encyclopedia of Philosophy*, Routledge, 2000.

6. Augusto, Roberto (1978-): «Las "Stuttgarter Privatvorlesungen" de

Schelling: Dios, libertad y potencias», artículo en: *Cuadernos Salmantinos de Filosofía*, n.º 37, pág. 188. Salamanca (España): Universidad Pontificia de Salamanca, 2010.

7. *Teología bíblica y sistemática* Editorial Vida, 1992.

8. Michael Persinger, *Neuropsychological basis of God beliefs*. Praeger Publishers, 1987.

9. Newberg, Dr. Andrew B. (1998): *A neuropsychological analysis of religion: discovering why God won't go away* (ponencia). Mt. Airy (Filadelfia): Germantown Jewish Centre, 10 de febrero de 1998.

10. SIMON, Jesús: A Dios por la ciencia, Alonso, Madrid 1979, 432 pp.

Bibliografía sobre teorías formación Universo:

1. Juan José Fortéa Laguna/ En el umbral de la inteligencia, Editorial Plaza y Janes 1987.

2. Stephen Hawking/Leonardo Mlodinow, El gran diseño. Editorial Crítica.
3. Stephen Hawking, La teoría del Todo. El origen y destino del Universo Edit. De bolsillo.
4. Stephen Hawking, Historia del tiempo. Edit. Crítica.
5. Isaac Asimow, El Universo. Edit. Alianza Editorial.
6. Alberto Casas y Teresa Rodrigo. El Bosón de Highs. Editorial CSIC.

Imágenes: 2 imágenes del interior del libro y la de la portada, Adquiridas, libre de derechos y gratuitamente, por la página web de Pisabay.